MINISTÈRE DE L'INSTRUCTION PUBLIQUE ET DES BEAUX-ARTS

CAISSE DES RECHERCHES SCIENTIFIQUES



# RAPPORT SCIENTIFIQUE

## SUR LES TRAVAUX ENTREPRIS EN 1912

AU MOYEN D'UNE SUBVENTION

DE LA

CAISSE DES RECHERCHES SCIENTIFIQUES

par M. J. CHAINE,

MAITRE DE CONFÉRENCES A LA FACULTÉ DES SCIENCES DE BORDEAUX

MELUN

IMPRIMERIE ADMINISTRATIVE

1913

# RAPPORT SCIENTIFIQUE

## SUR LES TRAVAUX ENTREPRIS EN 1912



**par M. J. Chaine,**

(Maître de conférences à la Faculté des sciences de Bordeaux).

### Termites et Plantes vivantes

J'ai poursuivi cette année, grâce à une allocation nouvelle qui m'a été accordée par la Caisse des Recherches scientifiques, mes observations sur les Termites suivant le plan que j'avais indiqué dans mon précédent rapport. Mes travaux ont donc eu pour objectif :

1° La délimitation de la région où les Plantes vivantes sont attaquées par les Termites ;

2° La recherche des moyens de protection des végétaux contre ces Insectes.

#### I. — *Délimitation de la région envahie.*

(Voyages effectués pendant l'année 1912.)

Dans le cours de mes recherches antérieures, j'avais pu arriver à délimiter d'une façon approximative le périmètre de la région charentaise où les Termites s'attaquent aux Plantes vivantes ; cette limite était ainsi déterminée : la côte à l'ouest et une ligne à peu près confondue au nord avec la frontière du département, puis passant par Taillebourg, Chaniers, Saujon et Arvert pour rejoindre la mer. Cette année, je me suis astreint à mieux préciser cette frontière dans le nord du département de la Charente-Inférieure.

Pour faire une étude complète et consciencieuse, il m'était absolument impossible, en effet, de faire porter mes efforts sur tout l'immense périmètre qui encercle la région envahie ; je n'en avais ni le temps, ni les moyens et cela d'autant mieux qu'en même temps je poursuivais des recherches d'un autre ordre sur les Termites, soit à mon laboratoire, soit dans mes champs d'expériences. Il faut aussi bien se rendre compte, comme je le disais dans mon rapport de l'an dernier, que délimiter la région renfermant des plantes *termitées* est un travail long et pénible, entraînant beaucoup de déboires et fournissant, parfois, peu de résultats pour la peine que l'on se donne : il faut parcourir chaque commune en tous sens (le mal gît quelquefois dans une seule partie de celle-ci, tout le reste du territoire étant indemne), il faut interroger les habitants (ce qui constitue la partie la plus délicate et la plus ingrate de l'expédition), se faire autoriser à visiter les jardins, les vergers et les propriétés pour examiner les arbres et les cultures, etc., etc.

Pour montrer jusqu'à quel point il est difficile d'obtenir des habitants d'une région des renseignements sur les Termites, je ne puis mieux faire que de rapporter ici le fait ci-après, qui, d'ailleurs, confirme si bien le passage suivant que j'extrais d'un travail écrit par M. Edmond Perrier, directeur du Muséum d'histoire naturelle :

« Il y a quelques années, me trouvant à La Rochelle, j'exprimai le « désir de voir des Termites. — Des Termites, monsieur? me fût-« il répondu presque partout, mais nous ne connaissons pas « cela ? — Personne n'avait entendu parler de ces menus ravageurs. « Un ami indiscret m'expliqua que l'on n'avouait jamais l'exis-« tence du Termite dans une maison particulière. C'est un ennemi « national dont on ne doit pas parler. Je me fis pressant, on me « conseilla, si j'en voulais voir de m'adresser à la Préfecture; le « préfet étant fonctionnaire n'a pas de maison à louer ; il peut con-« fesser des choses qu'un simple particulier doit pratiquement « s'efforcer de taire. »

Dans un de mes voyages d'exploration, je me trouvais à Laleu, assez gros village situé près de La Pallice, au nord-ouest de La Rochelle. Durant la matinée, j'avais parcouru la localité et ses environs et j'avais trouvé de multiples et indéniables traces de Termites, ainsi d'ailleurs que de ces Insectes, rarement, dans mes excursions j'en avais vu autant sans pénétrer dans les maisons ou les jardins. Désirant des renseignements supplémentaires, et agissant d'ailleurs comme je le fais toujours dans mes expéditions, je fis appel aux gens du pays pour obtenir d'eux ce que, seul, je pouvais n'avoir pas vu. Je frappai à plusieurs portes, je m'adressai à des commerçants, à de petits boutiquiers, à des ouvriers, à des entrepreneurs de bâtisses, qui, semble-t-il, devraient être bien renseignés. Certains me répondirent que les Termites étaient totalement inconnus dans la localité; les autres feignirent de ne pas comprendre de quoi je leur parlais. Parmi ces derniers, je pourrais citer un tonnelier dans le chai duquel j'avais pénétré, ce qui me permit de constater et de lui montrer les ravages que les Termites avaient fait dans les poutres soutenant la toiture; malgré ces preuves indiscutables il ne voulut rien reconnaître; bien que quelque temps avant il fut dans l'obligation d'étayer certaines solives qui avaient fléchi, ce qui prouve qu'il n'était pas aussi ignorant qu'il cherchait à le paraître. Par contre, les fonctionnaires de l'endroit (curé, etc,) confirmèrent mes observations.

Cette année-ci donc mes efforts de délimitation ont porté sur le nord de la Charente-Inférieure.

Un fait était déjà acquis par les observations que j'avais faites l'an passé: il n'y a pas de plantes atteintes par les Termites au-delà de la frontière nord du département; par contre, il en existe entre Rochefort et La Rochelle. Pour déterminer la ligne *exacte* de séparation entre les parties saine et malade de cette région, j'ai parcouru le pays au sud de la Sèvre Niortaise, en descendant de cette rivière vers La Rochelle et en opérant comme je l'ai déjà indiqué.

Dans ce travail d'exploration, j'ai plus particulièrement étudié la région comprise entre la côte et la ligne du chemin de fer de La Rochelle à Nantes; là, ma tâche est complètement terminée et je suis à même de donner pour cette partie un tracé définitif. A droite de la voie ferrée, le travail est bien avancé, j'ai déterminé de nombreux points de repère, mais je ne puis pas encore fixer d'une façon rigoureuse la limite entre la région termitée et celle qui ne l'est pas, bien que cependant je puisse l'indiquer d'une manière bien plus exacte que l'an passé. Enfin, à l'intérieur de la frontière, j'ai découvert l'existence des Termites dans des localités que je n'avais pas encore explorées.

Les résultats que j'ai obtenus sont les suivants :

A. — Région située au nord et nord-ouest de La Rochelle, entre la mer et la ligne du chemin de fer de La Rochelle à Nantes.

J'ai successivement parcouru les communes de Marans, Charron, Marsilly, Esnandes, Villedoux, Andilly-les-Marais, Saint-Ouen d'Aunis, Nieuls-sur-Mer, L'Houmeau, Saint-Xandre, Puilboreau et Dompierre-sur-Mer.

Dans aucune d'elles je n'ai rencontré la moindre trace de Termites, ni aucun de ces Insectes, soit dans les habitations, soit sur les Plantes vivantes. Les habitants m'ont aussi toujours affirmé n'en avoir jamais vu.

J'ai ensuite visité les faubourgs situés au nord de la ville de La Rochelle, ainsi que les petites localités de cette région : Laleu et La Pallice. Le résultat de mes investigations a été tout différent de celui que m'avaient fourni mes visites dans les communes précitées ; j'ai trouvé, en effet, des Termites à La Pallice, à Laleu et à La Repentie, petit port aujourd'hui délaissé. A Laleu, j'ai même rencontré des plantes envahie par ces Insectes, particulièrement des pieds de vigne dont les souches étaient très rongées.

Quant à la ville de La Rochelle, elle est très fortement envahie ; on rencontre des Termites dans la plupart des quartiers. Les Plantes vivantes n'y sont pas non plus à l'abri des attaques de ces êtres ; j'ai trouvé des végétaux atteints dans le Jardin des Plantes, dans le jardin de la bibliothèque municipale, dans celui de l'Hôtel de France, etc., etc.

Un fait digne de remarque est que, dans toute cette région, la limite du territoire où les Termites existent dans les habitations *concorde exactement* avec celle du territoire où l'on rencontre des plantes atteintes. Cette limite part du bord de la mer, près de La Repentie, passe au nord de Laleu, suit à peu près la route de Laleu à La Rochelle et passe au nord de cette ville en traversant le faubourg de Lafont.

B. — Région située au nord-est de la Rochelle, à droite de la ligne ferrée de La Rochelle à Nantes.

J'ai trouvé des Termites dans la commune de Courson qui paraît même être très envahie ; c'est là le point le plus septentrional du département où j'ai rencontré de ces Insectes. Il en existe également dans divers points du canton d'Aigrefeuille; mais jusqu'ici, malgré mes efforts, je n'ai pas pu suivre *exactement* la trace de ces êtres à l'est de La Rochelle. Cependant, d'après les données que je possède, je pense que la limite approximative entre les parties saine et termitée, partant du faubourg de Lafont, se dirigerait vers Nuaillé, laissant probablement ce village au nord, pour passer ensuite entre Saint-Jean-de-Livry et Courson et atteindre ainsi la frontière orientale du département.

## II. — *Traitements.*

Comme je l'avais indiqué dans mon rapport de 1911, j'ai continué, cette année-ci à traiter des arbres dans la commune de Fouras (Charente-Inférieure), où une municipalité intelligente, dirigée par un maire actif et clairvoyant, me donne toute facilité de travail en me livrant les arbres de ses promenades. J'ai aussi commencé des recherches pour le traitement des plantes d'ornement (géraniums, dahlias, giroflées, etc.) et des cultures maraîchères.

A. — *Arbres.* — En comparant les arbres traités en 1911 aux sujets témoins non soignés, j'ai constaté, au printemps de cette année, une grande différence entre eux. Les arbres traités étaient moins atteints que les autres et présentaient peu de galeries extérieures; il n'y avait d'exception que pour un groupe arrosé avec un produit différent des autres. Cet insuccès partiel était donc dû non à la méthode employée, mais bien à la nature même de ce produit; aussi décidai-je de traiter, en 1912, les arbres de la même façon que je l'avais fait en 1911. D'autre part, pensant qu'une année d'application d'un produit n'était peut-être pas suffisante pour décider de son efficacité, je résolus de ne rejeter aucune substance avant de l'avoir expérimenté encore un an. C'est donc dire qu'en 1912, j'ai employé les mêmes solutions et de la même façon qu'en 1911. Je ne décrirai pas à nouveau cette façon d'opérer l'ayant déjà exposée en détail dans mon dernier rapport; j'ajouterai seulement que cette année, les circonstances m'étant favorables, je fis les trois arrosages que je préconisais alors. Les arbres traités furent les mêmes que ceux de l'an passé.

Je me rendis plusieurs fois sur mes champs d'expériences, ce qui me permit de faire d'intéressantes constatations qui complètent celles déjà faites l'année dernière.

Les arbres traités par le bichlorure de mercure et le ferrocyanure de potassium ne présentaient en octobre aucune trace de Termites ; ceux arrosés par le prussiate rouge de potassium marquaient, en général, une grande amélioration dans leur état. C'est ainsi que parmi ces derniers se trouvait le sujet qui était de beaucoup le plus atteint de tous ceux sur lesquels j'ai expérimenté ; avant mon traitement, il présentait de nombreuses galeries tout le long du tronc et la base de celui-ci était profondément rongée ; dans les débris de bois que l'on arrachait des parties contaminées se trouvaient des myriades de Termites. En octobre, je ne découvris sur cet arbre qu'une seule galerie et dans le bois, à la base du tronc, il n'y avait que peu d'Insectes.

Les arbres soumis à l'hyposulfite de soude ne montraient guère de changement ; les galeries y étaient tout aussi nombreuses que par le passé et tout aussi habitées ; sous l'écorce, il y avait autant de Termites qu'avant le traitement. Ce résultat était à prévoir d'après les remarques que j'avais faites au printemps. Aussi, je décide d'abandonner cette solution.

En résumé donc, trois solutions, parmi celles employées, semblent me donner satisfaction au point de vue de la destruction des Termites attaquant les arbres ; mais avant de donner des conclusions définitives, j'attends la prochaine campagne durant laquelle je me propose de traiter par ces trois solutions non seulement les mêmes arbres que ces deux années passées, mais encore des individus nouveaux.

En terminant cette étude, je crois devoir ajouter quelques mots sur le cerisier que j'ai traité en 1911. Dans mon dernier rapport je disais que ce jeune arbre, d'un an environ, avait fort bien supporté le traitement auquel je l'avais soumis et qu'il paraissait même bien s'en trouver. Cette année-ci, je l'ai régulièrement arrosé avec le même produit que l'an passé (prussiate rouge de potassium) ; ni sa propriétaire, ni moi, pendant toute l'année, ne trouvâmes de Termites soit sur l'arbre, soit dans la terre environnante. Je dois ajouter que j'avais déconseillé l'emploi des tuteurs en bois pour ce jeune sujet, parce que, d'après mes observations, ces sortes de tuteurs attirent les Termites près des plantes qui ne tardent pas ensuite à être envahies.

B. — *Plantes d'ornement et plantes maraîchères.* — Cette année, j'ai commencé une série d'études dans le but de trouver le moyen de protéger les plantes d'ornement et les plantes maraîchères contre les Termites, car tout autant que les arbres; même souvent davantage, elles succombent sous l'attaque de ces terribles ravageurs.

Ma première idée fut d'appliquer à ces végétaux le même traitement qu'aux arbres. Pour cela, j'ai opéré comme pour ces derniers, en débutant par des expériences de laboratoire; celles-ci furent si longues et si hérissées de difficultés que je n'ai pas encore eu le temps d'opérer dans mes champs d'expériences. Après bien des tâtonnements je suis arrivé à déterminer des solutions à titre bien fixé qui sont supportées sans inconvénient par toutes mes plantes en expérience. Mes solutions étaient à base de bichlorure de mercure et sel marin, de ferricyanure de potassium ou prussiate rouge de potasse, et de ferrocyanure de potassium. J'ai bien essayé d'autres substances, mais j'ai dû les rejeter pour diverses raisons.

Mais, déterminer des solutions et leur titre n'était pas suffisant. Des plantes que je traitais, les unes sont des sujets d'ornement, tels la giroflée, les géraniums, etc.; d'autres, au contraire sont des plantes servant à l'alimentation de l'Homme ou des animaux. Pour les premières, le seul point intéressant était évidemment de savoir si elles résistaient à l'action des substances que, chaque jour, je déversais sur leurs racines. Pour les deuxièmes, le problème était plus complexe; non seulement il fallait s'assurer de leur résistance aux produits d'arrosage, mais encore il fallait rechercher si elles n'emmagasinaient pas des poisons susceptibles de tuer ensuite les hommes ou les animaux qui s'en nourrissent.

Pour élucider ce point j'établis l'expérience suivante. Je choisis trois espèces de plantes: la pomme de terre, l'avoine et la giroflée, que j'élevai en pots séparés. La première fut traitée par le bichlorure de mercure, la deuxième par le ferricyanure de potassium (prussiate rouge de potasse), la troisième par le ferrocyanure de potassium. Chacun de ces végétaux fut arrosé à jour passé; il y eut dix arrosages. Les solutions, convenablement diluées dans l'eau, étaient toujours déversées directement sur la terre, jamais sur les feuilles. Tous les sujets supportèrent fort bien l'épreuve, aucun ne succomba. Une dizaine de jours après le dernier arrosage, les plantes furent arrachées et j'en fis faire l'analyse chimique, après lavage externe, par un de mes amis, chimiste distingué, le Dr *Llaguet*, que je tiens à remercier ici de sa bienveillante collaboration.

Voici le résultat de ces analyses :

| NUMÉROS D'ORDRE | PLANTES | PRODUITS ACTIFS | RÉSULTATS | |
|---|---|---|---|---|
| 1 | Pomme de terre. | Bichlorure de mercure et sel marin.. | Parties aériennes. | Présence très marquée de chlorure de sodium. |
| | | | Parties souterraines. | Présence peu notable de chlorure de sodium. |
| 2 | Avoine . . | Ferricyanure de potassium... | Parties aériennes. | Présence de fer; absence de dérivés cyanogéniques. |
| | | | Parties souterraines. | Traces de dérivés cyanogéniques à l'état de sel de protoxyde de fer. |
| 3 | Girollée.. | Ferrocyanure de potassium... | Parties aériennes. | Notables traces de fer; absence de dérivés cyanogéniques. |
| | | | Parties souterraines. | Faibles traces de dérivés cyanogéniques à l'état de sel de protoxyde de fer. |

Dans les analyses 2 et 3 les éléments ferrugineux existent dans dans les parties aériennes dans des proportions telles qu'il n'est pas possible de les attribuer au fer organique de la plante même. Du reste, des analyses faites sur les mêmes espèces de plantes, non arrosées par des produits ferreux, nous ont permis d'établir un terme de comparaison; dans ces dernières, le fer existait bien encore, mais seulement à l'état de traces à peine sensibles.

Je ne veux pas encore conclure. Je ne considère pas, en effet, ces expériences comme suffisantes; je désire entreprendre encore quelques observations de laboratoire. Tout le monde approuvera je pense, ma prudence, car il s'agit là de plantes destinées à l'alimentation.

Tels sont les résultats que j'ai obtenus cette année; il me reste encore beaucoup à faire, cela constituera mon programme de travail pour l'année 1913:

1° Continuer la délimitation de la région termitée;

2° Traiter un plus grand nombre d'arbres qu'en 1912, au moyen de trois séries d'opérations (mars, mai et octobre) avec les trois produits sélectionnés. Les opérations porteront sur les sujets déjà traités et sur des sujets nouveaux;

3° Continuer mes recherches de laboratoire pour le traitement des plantes d'ornement et des cultures maraîchères et commencer mes expériences sur des sujets en plein vent.

MELUN. IMPRIMERIE ADMINISTRATIVE. — M 1300 E

www.ingramcontent.com/pod-product-compliance
Ingram Content Group UK Ltd.
Pitfield, Milton Keynes, MK11 3LW, UK
UKHW021041200726
13857UKWH00005B/1858

9 782011 905604